Emre Çağlar

Explorar o potencial das microalgas

Emre Çağlar

Explorar o potencial das microalgas

ScienciaScripts

Imprint

Any brand names and product names mentioned in this book are subject to trademark, brand or patent protection and are trademarks or registered trademarks of their respective holders. The use of brand names, product names, common names, trade names, product descriptions etc. even without a particular marking in this work is in no way to be construed to mean that such names may be regarded as unrestricted in respect of trademark and brand protection legislation and could thus be used by anyone.

Cover image: www.ingimage.com

This book is a translation from the original published under ISBN 978-3-659-91707-3.

Publisher:
Sciencia Scripts
is a trademark of
Dodo Books Indian Ocean Ltd. and OmniScriptum S.R.L publishing group

120 High Road, East Finchley, London, N2 9ED, United Kingdom
Str. Armeneasca 28/1, office 1, Chisinau MD-2012, Republic of Moldova, Europe
Printed at: see last page
ISBN: 978-620-8-03284-5

ÍNDICE DE CONTEÚDOS

AGRADECIMENTOS

Este estudo foi realizado no Departamento de Engenharia Química do Instituto de Tecnologia de Izmir durante os anos de 2008 a 2010.

Gostaria de expressar a minha sincera gratidão aos meus conselheiros, Assoc. Prof. Dr. Oguz Bayraktar e Assist. Dr. Unver Ozkol pela sua supervisão, orientação, apoio, encorajamento e otimismo sem fim durante os meus estudos.

Gostaria de agradecer especialmente aos assistentes de investigação Evren Altiok, Dilek Yakin. Zelal Polat, Gozde Gcne. Dane Rusguklu e Guler Narin pela sua ajuda e pelos conhecimentos que têm partilhado comigo.

Gostaria também de agradecer a toda a equipa do Departamento de Engenharia Química pela sua assistência técnica para o apoio material.

RESUMO

PRODUÇÃO HETEROTRÓFICA DE BIO-ÓLEO A PARTIR DE MICROALGAS

O objetivo da tese é investigar os parâmetros que afectam a produção heterotrófica de microalgas, *Chlorella minutissima*. O objetivo é utilizar o glicerol bruto, um produto residual derivado da produção de biodiesel, como fonte de carbono e energia para o crescimento de microalgas e examinar as condições óptimas de crescimento em modo de quimiostato, bem como a produtividade do óleo utilizando a técnica baseada em FTIR. A produtividade lipídica mais elevada alcançada foi de 1,04 $gl^{-1} h^{-1}$, à temperatura de 25^0 C, com uma taxa de diluição de 0,25 h^{-1} e utilizando uma concentração de substrato de 80 gf^{-1} no meio de alimentação. O teor de lípidos, proteínas e hidratos de carbono nestas condições foi de 14,36%, 47,89% e 8,06%, respetivamente.

OZET

O SEU SISTEMA HETEROTRÓFICO DE YOSUNUNDAN URETIMi BiYO-YAG

Descrição. *Chlorella minutissima* mikroalginin karbon kaynagi ile heterotrof yontemle gogaltilmasi ve bu sureci etkileyen parametlerin arastinlmasi amaclaninistir. Biyodizel uretiminden atik olarak cikan ham gliserolun mikroalg gogaltilmasinda enerji ve karbon kaynagi olarak kullanilmasi, kemostat uretim seklinde optimum cogalma ko§ullarinin ve yag uretim hizlarininin FT-IR temelli bir yontemle ara§tmlmasi hedeflenmi§tir. Qali§mada en yuksek yag uretim hizi, 25° C sicaklikta, 0.25 h^{-1} seyreltme hizinda ve 80 gl^{-1} ham gliserol besleme deri§iminde, 1.04 $gl^{-1} h^{-1}$ olarak elde edilmi§tir. Bu ko§ullarda, mikroalgin igerigi, %14.36 yag, %47.89 protein ve %8.06 karbonhidrat olarak belirlenmi§tir.

Capítulo 1

INTRODUÇÃO

Um dos problemas mais importantes que a humanidade tem vindo a enfrentar é a questão do aquecimento global. Por isso, os esforços para encontrar fontes alternativas de energia e combustível estão a aumentar consideravelmente. Uma das alternativas aplicadas com sucesso é o chamado "biodiesel", que é uma fonte de combustível neutra em termos de carbono, uma vez que é produzido a partir de óleo proveniente de culturas agrícolas.

Sabe-se que até 20% do óleo processado na produção de biodiesel acaba num produto residual: o glicerol bruto. Trata-se de um resíduo de baixo valor porque contém apenas 40 a 60% de glicerol, sendo o restante constituído por água, metanol, sais e outras impurezas. É um processo dispendioso purificar o glicerol até atingir percentagens convenientes. Por conseguinte, o glicerol bruto da produção de biodiesel é um produto residual que tem sido objeto de investigação intensiva para encontrar formas alternativas de o processar.

A literatura refere que a produção de biocombustível a partir de microalgas pode ser uma alternativa promissora. As microalgas são plantas unicelulares e algumas estirpes são capazes de acumular quantidades significativas de lípidos. Os factores limitantes da taxa de crescimento das microalgas são a luz e a concentração de nutrientes. Estas limitações impedem que esta ideia seja viável. Sabe-se também que algumas estirpes de microalgas podem esgotar o carbono orgânico para satisfazer as suas necessidades de nutrientes e energia.

Qingyu Wu et al. (2010) aplicaram o crescimento heterotrófico de *Chlorella protothecoides* e este continha um teor de lípidos de 55,2%. Para aumentar a biomassa e reduzir o custo da alga, foi utilizado hidrolisado de pó de milho em vez de glucose como fonte de carbono orgânico no meio de cultura heterotrófica em fermentadores. O resultado mostrou que a densidade celular aumentou significativamente sob a condição heterotrófica, e a concentração celular mais elevada atingiu 15,5 g/1. No fermentador de 51, o crescimento celular atingiu 15,5 g/1 após 184 h de cultura, e depois o óleo de microalgas foi eficientemente extraído das células heterotróficas. O biodiesel que foi obtido a partir de óleo de microalgas heterotróficas por transesterificação ácida foi caracterizado por um elevado valor de aquecimento de 41 MJ/kg, uma densidade de 0,864 kg/L e uma viscosidade de 5,2x10-4 Pa s (a 4O° C). Os resultados sugerem que o novo processo foi um método de baixo custo, viável e eficaz para a produção de biodiesel de alta qualidade a partir de microalgas.

As microalgas heterotróficas podem utilizar fontes de carbono como a glucose, o etanol, o glicerol e a frutose, dependendo da espécie de microalga utilizada. A fim de reduzir o custo de produção de óleos de microalgas como biodiesel, devem ser consideradas fontes de carbono mais baratas.

A produção heterotrófica de óleo a partir de microalgas excede largamente a das culturas de óleos vegetais. No entanto, a aplicação comercial da produção de biodiesel a partir de *C. protothecoides* é limitada devido ao elevado custo, que existe maioritariamente no substrato de fermentação. De acordo com uma estimativa anterior, o custo da glucose representava 80% do custo total do meio (Wu et al., 2007).

A fim de reduzir o custo de produção de óleos de microalgas como biodiesel, devem ser consideradas fontes de carbono mais baratas. Por exemplo, Qingyu Wu et al. (2007), investigaram o sorgo doce que contém açúcares como substrato para a fermentação.

O glicerol bruto também é utilizado para a fermentação de microalgas para produzir produtos valiosos, como o ácido docosahexaenóico (DHA, 22:6 n-3), utilizando a microalga *Schizochytrium Umacinum* e obtendo-se o maior rendimento de DHA de 4,91 g/l com 22,1 g/l de peso seco celular (Zhanyou et al., 2007). Outro estudo que utilizou as mesmas microalgas foi realizado em glicerol bruto e obteve-se uma concentração de 35 g/l de peso seco com um teor de lípidos celulares de 73,3 % (Liang et al., 2010).

Cryptococus curvatus, uma levedura oleaginosa, foi também cultivada em glicerol bruto derivado de gordura amarela e cultivada num processo de uma fase alimentada em modo descontínuo, em que o glicerol bruto e a fonte de azoto foram alimentados intermitentemente durante 12 dias, tendo sido obtida uma biomassa final de 32,9 g/l e um teor de lípidos de 52% no final de 12 dias.

Os fluxos ricos em glicerol gerados em grandes quantidades pela indústria dos biocombustíveis, especialmente durante a produção de biodiesel, constituem uma excelente oportunidade para estabelecer bio-refinarias. Outrora considerado um "co-produto" valioso, o glicerol bruto está a tornar-se rapidamente um "produto residual" com um custo de eliminação que lhe é atribuído. A investigação proposta baseia-se na utilização do glicerol bruto como fonte de carbono para a fermentação de microalgas. Consequentemente, a principal motivação deste trabalho é utilizar o glicerol bruto residual da produção de biodiesel como fonte de carbono para microalgas e produzir óleo a partir de microalgas, e investigar a viabilidade deste processo. Desta forma, o glicerol bruto pode ser transformado num produto valioso, enquanto o óleo de microalgas é produzido como uma fonte alternativa de combustível.

Capítulo 2

REVISÃO DA LITERATURA

2.1. Produção fotoautotrófica

Em condições naturais de crescimento, as algas fotoautotróficas absorvem a luz solar e assimilam o dióxido de carbono do ar e os nutrientes dos habitats aquáticos. Por conseguinte, na medida do possível, a produção artificial deve tentar reproduzir e melhorar as condições óptimas de crescimento natural.

Em condições de crescimento natural, as microalgas assimilam o CO_2 do ar. A maioria das microalgas pode utilizar níveis elevados de CO_2 e pode ser alimentada ao meio a partir de diferentes fontes, tais como gases de combustão de centrais eléctricas a carvão e gases de escape da indústria cervejeira. No entanto, os elevados níveis de enxofre nos gases de combustão podem ser venenosos para as microalgas, pelo que devem ser removidos do fluxo de gás antes da alimentação. Isto limita facilmente a utilização direta destas fontes como fonte de carbono. Outra limitação importante é a baixa solubilidade do CO_2 na água. Outros nutrientes inorgânicos necessários para a produção de algas incluem o azoto, o fósforo e o silício (para as diatomáceas). Embora algumas algas azuis-verdes possam fixar o azoto do ar, a fixação do azoto é um processo altamente intensivo em termos energéticos para estas espécies de microalgas. Por conseguinte, a maioria das microalgas necessita de azoto em forma solúvel. O fósforo é necessário em quantidades muito pequenas na estrutura das microalgas, mas como nem todo o fósforo está biodisponível, deve ser adicionado em quantidades excessivas ao meio.

Atualmente, a produção fotoautotrófica é o único método técnica e economicamente viável para a produção em grande escala de biomassa de algas para produção não energética (Borowitzka M., 1997). Dois sistemas que têm sido utilizados baseiam-se nas tecnologias de tanques abertos e de fotobiorreactores fechados (Borowitzka M., 1999). A viabilidade técnica de cada sistema é influenciada pelas propriedades intrínsecas da estirpe de algas selecionada, bem como pelas condições climáticas e pelos custos da terra e da água (Borowitzka M., 1992).

2.1.1. Sistemas de produção em tanques abertos

O cultivo de algas em sistemas de produção em tanques abertos tem sido utilizado desde os anos 50 (Borowitzka M., 1999). Estes sistemas podem ser classificados em águas naturais (lagos, lagoas e tanques) e tanques artificiais ou contentores.

Os tanques de rega são o sistema artificial mais comummente utilizado. São normalmente constituídos por um circuito fechado, canais de recirculação de forma oval, geralmente entre 0,2 e 0,5 metros de profundidade, com mistura e circulação necessárias para estabilizar o crescimento e a produtividade das algas. Os tanques de recirculação são normalmente construídos em betão, mas também têm sido utilizados tanques de plástico branco. Num ciclo de produção contínuo, o caldo de algas e os nutrientes são introduzidos na frente da roda de pás e circulam através do circuito até ao ponto de extração da colheita. A roda de pás está em funcionamento contínuo para evitar a sedimentação. As necessidades de CO2 das microalgas são geralmente satisfeitas pelo ar da superfície, mas podem ser instalados aeradores submersos para aumentar a absorção de CO2 (Terry et al., 1985).

Em comparação com os fotobiorreactores fechados, o tanque aberto é o método mais barato de produção de biomassa de algas em grande escala. A produção em tanques abertos pode ser efectuada em zonas que não são adequadas para a agricultura. Os lagos abertos também requerem menos energia e a manutenção e limpeza regulares são mais fáceis, pelo que podem ter o potencial de gerar uma grande produção líquida de energia.

Em 2008, o custo unitário de produção de *Dunaliella salina,* uma das estirpes de algas habitualmente cultivadas, num sistema de lagoas abertas era de cerca de 2,55 euros por quilograma de biomassa seca, o que foi considerado demasiado elevado para justificar a produção para biocombustíveis (BorowitzkaM., 1999).

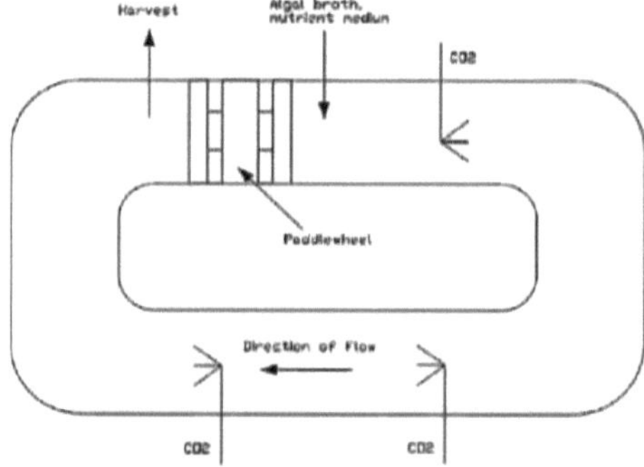

Figura 2.1. Vista de planta de um tanque de raceway. O caldo de algas é introduzido depois da roda de pás, e completa um ciclo enquanto é mecanicamente arejado com CO_2 . É colhido antes da roda de pás para recomeçar o ciclo (Fonte: Chisti Y., 2008).

Quadro 2.1. Vantagens e limitações dos tanques abertos e dos fotobiorreactores

Sistema de produção	Vantagens	Limitações
Lagoa da pista	Relativamente barato Fácil de limpar Utiliza terras não agrícolas Baixo consumo de energia Manutenção fácil	Baixa produtividade da biomassa Necessidade de uma grande área de terreno Limitado a algumas estirpes de algas Fraca mistura, luz e CO_2 utilização As culturas são facilmente contaminadas
Fotobiorreactor tubular	Grande superfície de iluminação Adequado para culturas de exterior Relativamente barato Boas produtividades de biomassa	Algum grau de crescimento da parede Faltas Necessita de um grande espaço de terreno Gradientes de pH, oxigénio dissolvido e CO2 ao longo dos tubos Difícil aumento de escala Controlo difícil da temperatura Pequeno grau de tensão hidrodinâmica Algum grau de crescimento da parede
Fotobiorreactor de placa plana	Elevadas produtividades de biomassa Fácil de esterilizar Baixa acumulação de oxigénio Facilmente temperado Bom caminho de luz Grande superfície de iluminação Adequado para culturas de exterior	
Fotobiorreactor de coluna	Compacto Elevada transferência de massa Baixo consumo de energia Boa mistura com baixa tensão de cisalhamento Fácil de esterilizar Redução da foto-inibição e da foto-oxidação	Pequena área de iluminação Caro em comparação com os lagos abertos Tensão de cisalhamento Construção sofisticada

Os sistemas de tanques abertos requerem ambientes altamente selectivos devido à ameaça inerente de contaminação e poluição por outras espécies de algas e protozoários. O cultivo em monocultura é possível através da manutenção de um ambiente de cultura extremo, embora apenas um pequeno número de estirpes de algas seja adequado. Por exemplo, as espécies *Chlorella* (adaptável a meios ricos em nutrientes), *D. salina* (adaptável a uma salinidade muito elevada) e *Spirulina* (adaptável a uma alcalinidade elevada) podem ser cultivadas em tais sistemas.

Um exemplo de cultura em monocultura em grande escala é a produção de *D. salina* para obtenção de P-caroteno nas águas extremamente halofílicas de Hutt-Lagoon, na Austrália Ocidental. No entanto, os longos períodos de produção para tais abordagens não excluem necessariamente a presença de bactérias e outros contaminantes biológicos (Lee et al., 2001). No que diz respeito à produtividade da biomassa, os sistemas de tanques abertos são menos eficientes quando comparados com os fotobiorreactores fechados. Isto é causado por vários factores determinantes: perdas por evaporação, flutuação de temperatura nos meios de crescimento, deficiências de CO2, mistura ineficiente e limitação de luz. As flutuações de temperatura devidas a variações sazonais são difíceis de controlar em tanques abertos. As potenciais deficiências de CO_2 devido à difusão na atmosfera podem resultar numa redução da produtividade da biomassa devido a uma utilização menos eficiente do CO_2 . Além disso, uma mistura deficiente devido a mecanismos de agitação ineficazes pode resultar em taxas de transferência de CO_2 de massa fracas, causando uma baixa produtividade da biomassa (Ugwu et al., 2008). A limitação da luz devido à espessura da camada superior pode também causar uma redução da produtividade da biomassa. No entanto, é possível aumentar o fornecimento de luz através da redução da espessura da camada; a utilização de sistemas de cultura com camadas finas e inclinadas e a melhoria da mistura podem minimizar os impactos para aumentar a produtividade da biomassa.

É possível obter elevadas taxas de produção de biomassa de algas em sistemas de tanques abertos. No entanto, ainda há inconsistências nas taxas de produção relatadas na literatura. Jimenez et al. extrapolaram uma taxa anual de produção de biomassa em peso seco de 30 toneladas por hectare, utilizando dados de um sistema de lagoas de 450 m^2 e 0,30 m de profundidade, que produz um peso seco de biomassa de 8,2 gm^{-2} por dia em Málaga, Espanha. Utilizando uma profundidade de cultura semelhante e concentrações de biomassa até 1 gl^{-1} , estimou-se uma produtividade de biomassa seca na ordem dos 10-25 gm^{-2} por dia. No entanto, o único sistema de tanques abertos para produção em grande escala que atingiu uma produtividade de biomassa tão elevada é o sistema inclinado desenvolvido por Setlik et al. (1970) para a produção de *Chlorella*. Neste sistema, foi atingida uma concentração de biomassa superior a 10 gl^{-1} , com uma produtividade extrapolada de 25 gm^{-2} por dia. Weissman e Tillett (1992) operaram um tanque aberto ao ar livre (0,1 ha) no Novo México, EUA, e atingiram uma taxa média anual de produção de biomassa em peso seco de 37 toneladas por hectare com uma cultura de espécies mistas (quatro espécies), tendo os rendimentos mais elevados sido confinados aos 7 meses mais quentes do ano.

2.1.2. Sistemas fechados de fotobiorreactores

A produção de microalgas baseada na tecnologia de fotobiorreactores fechados foi concebida para ultrapassar alguns dos principais problemas associados aos sistemas de produção em tanques abertos descritos. Por exemplo, os riscos de poluição e contaminação dos sistemas de tanques abertos impedem a sua utilização para a preparação de produtos de elevado valor para utilização na indústria farmacêutica e cosmética. Além disso, ao contrário da produção em tanques abertos, os fotobiorreactores permitem a cultura de uma única espécie de microalgas durante períodos prolongados com menor risco de contaminação.

Os sistemas fechados incluem os fotobiorreactores tubulares, de placa plana e de coluna. Estes sistemas são mais adequados para estirpes sensíveis, uma vez que a configuração fechada facilita o controlo de potenciais contaminações. Devido às maiores produtividades de massa celular alcançadas, os custos de colheita podem também ser significativamente reduzidos. No entanto, os custos dos sistemas fechados são substancialmente mais elevados do que os dos sistemas de tanques abertos (Carvalho et al., 2006). Os fotobiorreactores são constituídos por um conjunto de tubos rectos de vidro ou de plástico, como se mostra na Figura 2.2. O conjunto tubular capta a luz solar e pode ser alinhado horizontalmente, verticalmente, inclinado ou em hélice, e os tubos têm geralmente 0,1 m ou menos de diâmetro (Molina et al., 2001). As culturas de algas são recirculadas através de uma bomba mecânica ou de um sistema de transporte aéreo, sendo que este último permite a troca de CO2 e O2 entre o meio líquido e o gás de aeração, além de proporcionar um mecanismo de mistura (Eriksen N., 2008). A agitação e a mistura são muito importantes para incentivar as trocas gasosas nos tubos.

Tabela 2.2. Valores de produtividade da biomassa para fotobiorreactores fechados

Espécies	Tipo de reator	Volume (1)	$X_{ma?}$ (gl-)^1	Paerial (gm$^{"2}$ day$^"$ ^{x})	Volume (g I$^{"1}$ day$^"$)^1	PE (%)	Referência
Porphyridium cruentum	Airlift tubular	200	3	-	1.5	-	Camacho Rubio etal., 1999
Phaeodactylum tricomutum	Airlift tubular	200	-	20	1.2	-	Acien Fernandez et al., 2001
Phaeodactylum tricomutum	Airlift tubular	200	-	32	1.9	2.3	Molina Grima etal., 2001
Chlorella sorokiniana	Tubular inclinado	6	1.5	-	1.47	-	Ugwu CU et al., 2002
Arthrospira platensis	Undular fila tubular	11	6	47.7	2.7	-	Carlozzi P, et al., 2003
Phaeodactylum tricomutum	T. helicoidal de exterior	75	-	-	1.4	15	Hall DO et al., 2003
Haematococcus pluvialis	Tubular paralelo (AGM)	25	-	13	0.05	-	Olaizola M., 2000

Haematococcus pluvialis	Coluna de bolhas	55	1.4	-	0.06	-	Garcia et al, 2003
Haematococcus pluvialis	Airlift tubular	55	7	-	0.41	-	Garcia et al, 2003
Nannochloropsis sp.	Flat plate	440	-	-	0.27	-	Cheng-Wu et al., 2001
Haematococcus pluvialis	Placa plana	25,000	-	10.2	-	-	Huntley et al., 2007
Spirulina platensis	Tubular	5.5	-	-	0.42	8.1	Converter! et al., 2006
Arthrospira	Tubular	146	2.37	25.4	1.15	4.7	Carlozzi P., 2003
Clorela	Placa plana	400	-	22.8	3.8	5.6	Doucha et al., 2005
Clorela	Placa plana	400	-	19.4	3.2	6.9	Doucha et al., 2005
Tetraselmis	Coluna	ca. 1,000	1.7	38.2	0.42	9.6	Chini etal, 2006
Chlorococcum	Parábola	70	1.5	14.9	0.09	-	Sato et al, 2006
Chlorococcum	Cúpula	130	1.5	11.0	0.1	-	Sato et al, 2006

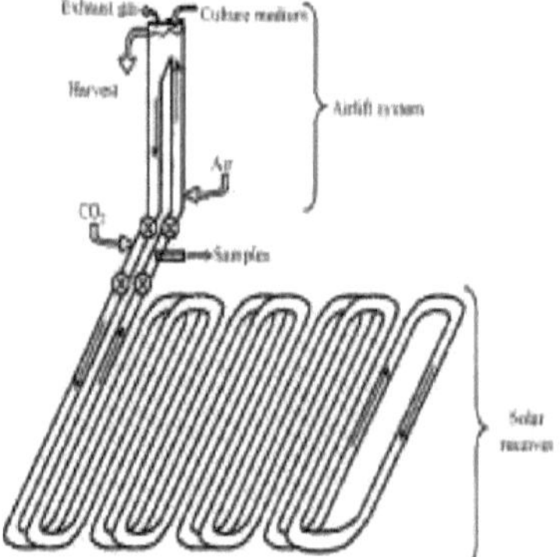

Figura 2.2. Conceção básica de um fotobiorreactor tubular horizontal (Fonte: Becker, 1994)

Algumas das primeiras formas de sistemas fechados são os fotobiorreactores de placa plana, que receberam muita atenção da investigação devido à grande área de superfície exposta à iluminação e às elevadas densidades de células fotoautotróficas (>80 g I^{-1}) observadas (Hu et al., 1998). Os reactores são feitos de materiais transparentes para maximizar a captação de energia solar, e uma fina camada de cultura densa flui através da placa plana, o que permite a absorção de radiação nos primeiros milímetros de espessura. Os fotobiorreactores de placa plana são adequados para culturas em massa de algas devido à baixa acumulação de oxigénio dissolvido e à elevada eficiência fotossintética alcançada quando comparados com as versões tubulares (Richmond A., 2000). Os fotobiorreactores tubulares têm limitações de conceção quanto ao comprimento dos tubos, que depende da potencial acumulação de O_2 , da depleção de CO_2 e da variação do pH nos sistemas (Eriksen N., 2008). Por conseguinte, não podem ser aumentados indefinidamente; assim, as instalações de produção em grande escala baseiam-se na integração de várias unidades de reactores. No entanto, os fotobiorreactores tubulares são considerados mais adequados para culturas em massa ao ar livre, uma vez que expõem uma maior área de superfície à luz solar. Os maiores fotobiorreactores fechados são tubulares, por exemplo, a instalação de 25 m^3 da Mera Pharmaceuticals, no Havai, e a instalação de 700 m^3 em Klotze, na Alemanha.

Os fotobiorreactores de coluna oferecem a mistura mais eficiente, as taxas de transferência de massa volumétrica mais elevadas e as melhores condições de crescimento controláveis (Eriksen N., 2008). São de baixo custo, compactos e fáceis de operar. As colunas verticais são arejadas a partir do fundo e iluminadas através de paredes transparentes ou internamente (Suh et al., 2003). O seu desempenho compara-se favoravelmente com o dos fotobiorreactores tubulares. Nos últimos anos, os fotobiorreactores fechados têm merecido grande atenção da investigação. As vantagens mais importantes da produção à escala-piloto utilizando fotobiorreactores fechados, em comparação com os tanques de pista abertos, são o controlo rigoroso do processo e as taxas de produção de biomassa potencialmente mais elevadas. Por conseguinte, poderá ser possível uma produção potencialmente mais elevada de biocombustível e de co-produtos.

2.1.3. Sistemas de produção híbridos

A cultura híbrida em duas fases é um método que combina fases de crescimento distintas em fotobiorreactores e em lagos abertos. A primeira fase decorre num fotobiorreactor onde as condições controláveis minimizam a contaminação por outros organismos e favorecem a divisão celular contínua. A segunda fase de produção tem por objetivo expor as células a tensões de nutrientes, o que aumenta a síntese do produto lipídico desejado. Esta fase é ideal para sistemas de lagoas abertas, uma vez que as tensões ambientais que estimulam a produção podem ocorrer naturalmente através da transferência da cultura dos fotobiorreactores para a lagoa aberta.

Huntley e Redalje (2007) utilizaram um sistema de duas fases para a produção de óleo e de astaxantina (utilizada na alimentação do salmão) a partir de Haematococcus pluvialis e obtiveram uma taxa média anual de produção de óleo microbiano superior a 10 toneladas ha[l] por ano, com uma taxa máxima de 24 toneladas ha[l] por ano. Também demonstraram que, em condições semelhantes, era possível obter taxas até 76 toneladas ha[1] por ano utilizando espécies com maior teor de óleo e eficiência fotossintética.

2.2. Produção heterotrófica

A produção heterotrófica também tem sido utilizada com sucesso para a produção de biomassa e metabolitos de algas (Miao et al., 2006). Neste processo, as microalgas são cultivadas em substratos de carbono orgânico, como a glucose, em biorreactores de tanque agitado ou fermentadores. O crescimento das algas é independente da energia luminosa, o que permite possibilidades de aumento de escala muito mais simples, uma vez que podem ser utilizados rácios mais pequenos entre a superfície do reator e o volume. Estes sistemas proporcionam um elevado grau de controlo do crescimento e também custos de colheita mais baixos devido às densidades celulares mais elevadas alcançadas. Os custos de instalação são mínimos, embora o sistema utilize mais energia do que o

produção de microalgas fotossintéticas porque o ciclo do processo inclui a produção inicial de fontes de carbono orgânico através do processo de fotossíntese.

Tabela 2.3. Valores de produtividade da biomassa para culturas de microalgas heterotróficas

Espécies	Produto	Cultura	$X_{ma?}$ $(gl^{'})^{1}$	Lípidos totais (%)	Volume $(g\ I^{'1}\ day''\ )^{1}$	Referência
Galdieria sulphuraria	C-ficocianina	Contínuo	83.3	-	50.0	Graverholt et al., 2007
Galdieria sulphuraria	C-ficocianina	Fed-batch	109	-	17.50	Graverholt et al., 2007
Chlorella protothecoides	Biodiesel	Fed-batch	3.2	57.8	-	Xiong et al, 2008
Chlorella protothecoides	Biodiesel	Fed-batch	16.8	55.2	-	Xiong etal, 2008
Chlorella protothecoides	Biodiesel	Fed-batch	51.2	50.3	-	Xiong etal, 2008
Clorela	Ácido docosahexaenóico	Lote federal	116.2	-	1.02	Wu et al, 2007
Crypthecodinium cohnii	Ácido docosahexaenóico	Fed-batch	109	56	-	Swaaf et al, 2003
Crypthecodiniu cohnii	Ácido docosahexaenóico	Fed-batch	83	42	-	Swaaf et al, 2003
Clorela	N/A	Lote federal	104.9	-	14.71	Wu et al, 2007

Chlorella protothecoides	Biodiesel	Fed-batch	15.5	46.1	-	Li et al, 2007
Chlorella protothecoides	Biodiesel	Fed-batch	12.8	48.7	-	Li et al, 2007
Chlorella protothecoides	Biodiesel	Fed-batch	14.2	44.3	-	Li et al, 2007

Li et al. (2007) descreveram a viabilidade da produção de biodiesel em grande escala com base na cultura heterotrófica de *Chlorella protothecoides*. Outros estudos também sugerem uma maior viabilidade técnica da produção heterotrófica em comparação com os métodos fotoautotróficos em lagos abertos ou fotobiorreactores fechados. Miao e Wu (2006) também estudaram *C. protothecoides* e descobriram que o teor de lípidos nas células heterotróficas podia atingir 55%, o que era 4 vezes mais elevado do que nas células autotróficas a 15% em condições semelhantes. Assim, concluíram que o cultivo heterotrófico poderia resultar numa maior produção de biomassa e na acumulação de um elevado teor de lípidos nas células.

2.3. Produção Mixotrófica

Muitos organismos de algas são capazes de utilizar qualquer processo de metabolismo (autotrófico ou heterotrófico) para o crescimento, o que significa que são capazes de fotossintetizar e metabolizar materiais orgânicos (Graham et al., 2009). A capacidade dos mixotróficos para processar substratos orgânicos significa que o crescimento celular não depende estritamente da fotossíntese, pelo que a energia luminosa não é um fator absolutamente limitante para o crescimento, uma vez que tanto a luz como os substratos de carbono orgânico podem suportar o crescimento (Chen et al., 1996).

Exemplos de microalgas que apresentam processos de metabolismo mixotrófico para o seu crescimento são as cianobactérias *Spirulina platensis* e a alga verde *Chlamydomonas reinhardtii*. O metabolismo fotossintético utiliza a luz para o crescimento, enquanto a respiração aeróbica utiliza uma fonte de carbono orgânico. O crescimento é influenciado pelo suplemento de glucose do meio durante as fases clara e escura, pelo que há menos perda de biomassa durante a fase escura.

Tabela 2.4. Valores de produtividade da biomassa para culturas mixotróficas de microalgas

Espécies	Fonte de carbono orgânico	Pmax (dia^{-1})	$X_{ma?}$ (gl^{-1})^1	Volume (g l^{-1} day^{-1})^1	Referência
Spirulina platensis	Glicose	0.62	2.66	-	Chen et al, 1996

Spirulina platensis	Acetato	0.52	1.81	-	Chen et al, 1996
Spirulina Sp.	Glicose	1.32	2.50	-	Andrade etal, 2007
Spirulina platensis	Molases	0.147	2.94	0.32	Andrade etal, 2007

As taxas de crescimento de algas mixotróficas comparam-se favoravelmente com o cultivo de algas fotoautotróficas em fotobiorreactores fechados. As taxas são superiores às do cultivo em tanques abertos, mas são consideravelmente inferiores às da produção heterotrófica. Chojnacka et al. (2004) compararam o crescimento de *Spirulina sp.* em culturas fotoautotróficas, heterotróficas e mixotróficas. Verificaram que as culturas mixotróficas reduziram a foto-inibição e melhoraram as taxas de crescimento em relação às culturas autotróficas e heterotróficas. A produção bem sucedida de algas mixotróficas permite a integração de componentes fotossintéticos e heterotróficos durante o ciclo de crescimento. Isto reduz o impacto da perda de biomassa durante a respiração no escuro e diminui a quantidade de substâncias orgânicas utilizadas durante o crescimento. Estas caraterísticas permitem inferir que a produção mixotrófica pode ser uma parte importante do processo de transformação de microalgas em biocombustíveis.

OBJECTIVOS

O principal objetivo deste estudo é investigar os parâmetros óptimos da fermentação microalgal em meio rico em glicerol bruto e determinar o teor de lípidos, proteínas e hidratos de carbono da biomassa microalgal resultante utilizando FT-IR. Os objectivos do estudo são enumerados a seguir:

J Obter uma equação de calibração para o Peso Seco (PS) de uma suspensão de microalgas em função dos espectros UV a 550 nm, de modo a permitir medições rápidas do PS,

J Examinar os efeitos dos parâmetros: Temperatura (°C), Concentração de Substrato (g/1), Taxa de Diluição (h^{-1}) e Produtividade (g biomassa/l/h) e a composição da biomassa algal em termos de lípidos, proteínas e hidratos de carbono,

J Otimizar os valores dos parâmetros mais eficazes, utilizando um conjunto de experiências de conceção Box Benkhen,

J Determinar a produtividade lipídica deste sistema microalgal utilizando glicerol bruto, através da técnica FT-IR,

J Comparar os valores de produtividade lipídica obtidos através da conceção de Box Benkhen com os valores referidos na literatura e comunicar esses dados à literatura.

Capítulo 3

ESTUDO EXPERIMENTAL

4.1. Materiais, estirpe de algas e condições de cultura

O glicerol bruto foi obtido de uma refinaria local de glicerol. É pré-tratado a fim de remover o metanol residual e acidificado para dividir os sabões em AGL. Por conseguinte, o glicerol bruto utilizado neste estudo tinha uma pureza de aproximadamente 80%, com impurezas de água, fosfolípidos, MONG (compostos não glicerolados) e cinzas. Antes da utilização, o pH do glicerol bruto é ajustado para 6,5. A microalga verde, *Chlorella minutissima* (UTEX 2341), foi fornecida pela coleção de culturas de algas da Universidade do Texas (Austin, Texas, EUA). Esta estirpe de algas é mantida em meio de Bristol modificado (referido como CZ-M1), e este meio é utilizado como meio de crescimento nas experiências que consistiram em (por litro): 0,75 g de $NaNO_3$; 0,175 g de $KH_2 PO_4$; 0,075 g de $K\ HPO_{24}$; 0,075 g de $MgSO\ -7H_{42}\ O$; 0,025 g de $CaCl_2\ -2H_2\ O$; 0,025 g de NaCl; 5mg de $FeCl_3$; 0.287 mg $ZnSO\ -7H_{42}\ O$; 0,169 mg $MnSO\ -H_{42}\ O$; 0,061 mg $H_3\ BO_3$; 0,0025 mg $CuSO\ -5H_{42}\ O$; e 0,00124 mg $(NH_4\ )6Mo\ O\ -7H_{7242}\ O$.

O bioreactor/fermentador BioFlo410 da New Brunswick é utilizado neste estudo para as experiências. Está disponível um controlo PID completo para parâmetros como pH, temperatura, agitação, injeção de ar, espuma e oxigénio dissolvido (DO). A esterilização por calor também é controlada automaticamente antes da inoculação. A velocidade de agitação (rpm) e o caudal de ar (1/min) são controlados em cascata para o oxigénio dissolvido (DO) para o manter acima de 20% de saturação. O caudal de ar é alterado entre 1-25 1/min e a velocidade de agitação é alterada entre 50 - 300 rpm. O alarme de desativação é definido para o nível máximo em caso de formação excessiva de espuma. A cultura é cultivada no meio suplementado com 10 g/1 de glicerol bruto como inóculo. O pH do meio é ajustado para 6,5 antes da autoclavagem a 121^0 C durante 20 min, e é mantido a um pH de 6,8 utilizando o controlo PID do bioreactor, para a determinação do ponto de pH ótimo. Um inóculo de 10% (por volume, concentração média de células de 0,5 g/1) é inoculado no bioreactor. Utilizam-se diferentes concentrações de substrato de glicerol bruto a diferentes taxas de diluição e diferentes temperaturas para as execuções em modo de quimiostato. Para alterar as taxas de diluição, ajusta-se o caudal e/ou o volume de trabalho do meio.

4.2. Métodos

4.2.1. Avaliação da biomassa

A biomassa foi avaliada pelo peso seco DW (g/l), e a sua relação com a densidade ótica (DO) a 550 nm e correlacionada da seguinte forma:

$$DW = (1,81 * OD_{550} - 0,94) * D \qquad (4,1)$$

em que D é o número de diluição para as suspensões demasiado densas para serem medidas pelo espetrómetro (Multiskan, Thermo).

4.2.2. Determinação das composições bioquímicas

Foi preparado um caldo com uma concentração de biomassa de 1,0 mg ml[-1] . Deixaram-se cair duzentos microlitros de suspensão na janela de CaF_2 (32 x 3 mm) para formar um círculo com um diâmetro de 10 mm. A amostra foi então seca no forno de secagem a vácuo a 40^0 C durante 1,0 h. A absorvância das amostras foi recolhida no espetrómetro FT-IR (TENSOR 27, Bruker) a uma resolução de 4 cm[-1] com um tempo de varrimento da amostra e do fundo de 16 varrimentos. O OPUS 6.5 foi utilizado para processar os espetros FT-IR entre 400 e 4000 cm[-1] . Foi escolhida a "correção de banda elástica" para corrigir a linha de base dos espetros, utilizando 64 pontos de linha de base e excluindo as bandas CO_2 . Em seguida, as áreas dos picos caraterísticos dos lípidos, proteínas e hidratos de carbono foram calculadas por integração. As quantidades de biomoléculas e as suas áreas de pico foram correlacionadas da seguinte forma (Pistorins et al., 2009):

$$A_L = -2,30 + 78,96 * T_L \qquad (4.2)$$
$$A_P = -0,27 + 12,72 * T_P \qquad (4.3)$$
$$A_c = 0,07 + 2,05 * T_c \qquad (4.4)$$

em que T_L (mg), T_P (mg) e TC (mg) representam as quantidades totais de lípidos, proteínas e hidratos de carbono, e A_L , A_P e A_c são as áreas dos picos caraterísticos dos lípidos, proteínas e hidratos de carbono, respetivamente.

Tabela 4.1. Atribuição de bandas para espetroscopia de infravermelhos

Лівдь-к-тит "i	Лифӥцті	Eu hwimli
Iі'hki-jHii	'C-II'И WlmIfdOII	
-IMO	TtOrffiln рппир'.рппиiiy inw IIfrift md ipky I'Ur	
-и"	>C=O '1 jnilde* fall F4!IrF	imiitt 1 buri
-EMii	dfJ 11 ■ и liiiкi(ч1пчр ртчiги	ріпні' IIкиӥl
-ЕЙI	■t.I'Hi nd J "CU]Bfprnlnn>	
IHI	,|.ГH| jriJ.'jnr. III lii.iu-irii. лrJ t'.L OuEBDO ртнip	
IУO-IIII	r_{qₐ} P "Dd pЙйфIкiIkШl piiLL^ -ĵI nui-kk un!> iild plhb0dtyiiI£	
- IOT1	rC-D-C "Г uriiiJIikb iЕIIПГ ь:кiк CiUJub	guncrtiIk irthinftdly III: ftixIktui iШcШ

%. ГIIIГII IГТ яяIIГj iyшшяш iiі іiii: схжиh irIiiixpчi: jywirtv rьшифчиii

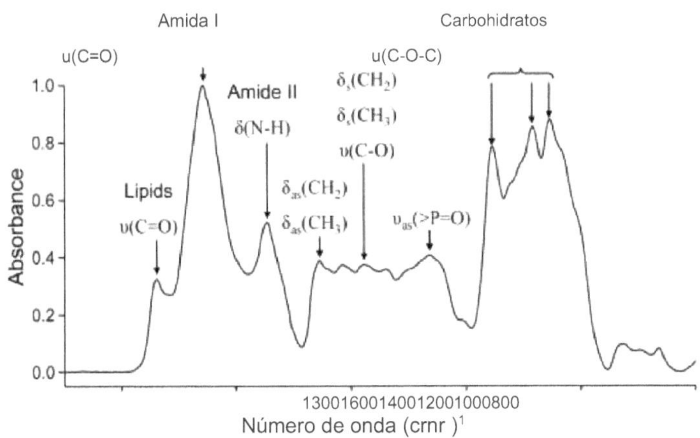

Figura 4.1. Espectros típicos de macromoléculas

4.2.3. Desenho experimental Box-Benkhen

Foi preparado um projeto experimental utilizando o software Design Expert Versão 8.0.2. Há 3 factores: temperatura, taxa de diluição e concentração de substrato (glicerol bruto) e 5 respostas: peso seco, produtividade, teor de lípidos, proteínas e hidratos de carbono. A matriz de dados do projeto e os limites para os factores são apresentados no Quadro 4.2.

Tabela 4.2. Matriz de dados do projeto experimental Box Benkhen

Matriz de dados (aleatória)

	Limite inferior	Limite superior do ponto médio	
Temperatura		253540	
Taxa de diluição		0,	050,
Cone de substrato.		1080150	

Execuçã	B	C
1 0	+	+
2 -	+	0
3 0	0	0
4 +	0	+
5 0	-	+
6 +	+	0
7 0	0	0
8 +	0	-
9 0	+	-
10 -	0	-
110	0	0
12 -	0	+
13 0		-
14 -		0
15 +		0

Quadro 4.3.BOX Benkhen Experimental Layout

Encomenda normal	Executar #	Fator 1 Temperatura (°C)	Fator 2 Taxa de diluição (h')[1]	Fator 3 Concentração de substrato (g/1)
8	1	35.00	0.25	150.00
14	2	25.00	0.25	80.00
6	3	35.00	0.15	80.00
12	4	40.00	0.15	150.00
5	5	35.00	0.05	150.00
3	6	40.00	0.25	80.00
1	7	35.00	0.15	80.00
2	8	40.00	0.15	10.00
4	9	35.00	0.25	10.00
15	10	25.00	0.15	10.00
11	11	35.00	0.15	80.00
9	12	25.00	0.15	150.00
13	13	35.00	0.05	10.00
10	14	25.00	0.05	80.00
7	15	40.00	0.05	80.00

Capítulo 4

RESULTADOS E DEBATES

5.1. Deteção de lípidos, proteínas e hidratos de carbono por espetroscopia FTIR

Os espectros FTIR de *Chlorella minutissima* mostraram nove bandas de absorção distintas na gama de números de onda 1900 - 800 cm[1] '. As bandas foram atribuídas a grupos específicos com base em normas bioquímicas e estudos publicados, tal como descrito anteriormente (Stehfest et al., 2005). A Tabela 5.1. mostra as áreas de banda integradas.

Tabela 5.1. Áreas de bandas integradas

Designação	Número de onda (cm')[1]
Amida I	
Amida II	
Hidratos de carbono	
Lípidos	1705 - 1575 1575 - 1480 1064-880 1780-
Fósforo	1708 1350- 1190

5.2. Produtividade

A produtividade mais elevada é obtida no primeiro ciclo com o valor de 7,42 g/l/h (Tabela 5.2). Os gráficos de superfície nas Figuras 5.1, 5.2 e 5.3 mostram os efeitos dos factores na produtividade.

Corre r	Fator 1 Temperatura (°C)	Fator 2 Taxa de diluição (h-)^1	Fator 3 Concentração de substrato (g/1)	Peso seco (g/1)	Produtividade (g/l/h) '
1	35.00	0.25	150.00	29.71	7.42
2	25.00	0.25	80.00	28.84	7.21
3	35.00	0.15	80.00	38.70	5.80
4	40.00	0.15	150.00	50.59	7.58
5	35.00	0.05	150.00	61.04	3.05
6	40.00	0.25	80.00	27.10	6.77
7	35.00	0.15	80.00	39.86	5.97
8	40.00	0.15	10.00	2.76	0.41
9	35.00	0.25	10.00	2.38	0.59
10	25.00	0.15	10.00	2.92	0.43
11	35.00	0.15	80.00	35.80	5.37
12	25.00	0.15	150.00	44.50	6.67
13	35.00	0.05	10.00	2.70	0.13
14	25.00	0.05	80.00	40.15	2.01
15	40.00	0.05	80.00	35.51	1.78

Tabela 5.2. Respostas de peso seco celular e produtividade

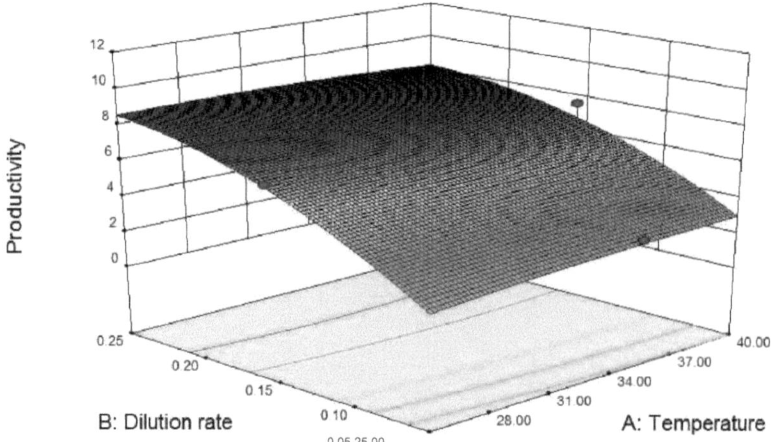

Figura 5.1. Gráfico de superfície da produtividade (g/l/h) para os factores taxa de diluição e temperatura

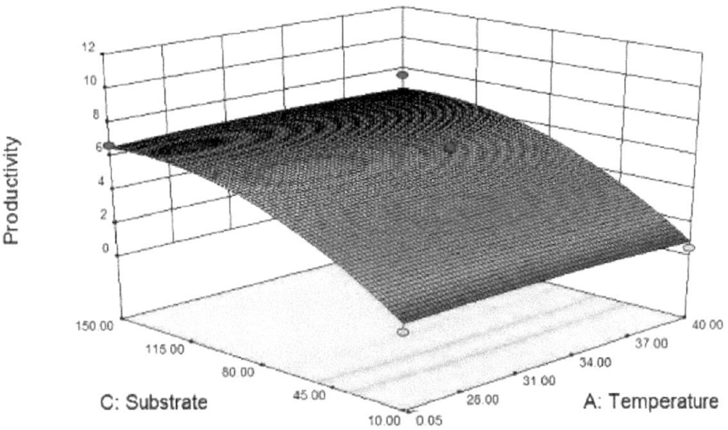

Figura 5.2. Gráfico de superfície da produtividade (g/l/h) para os factores concentração de substrato e temperatura

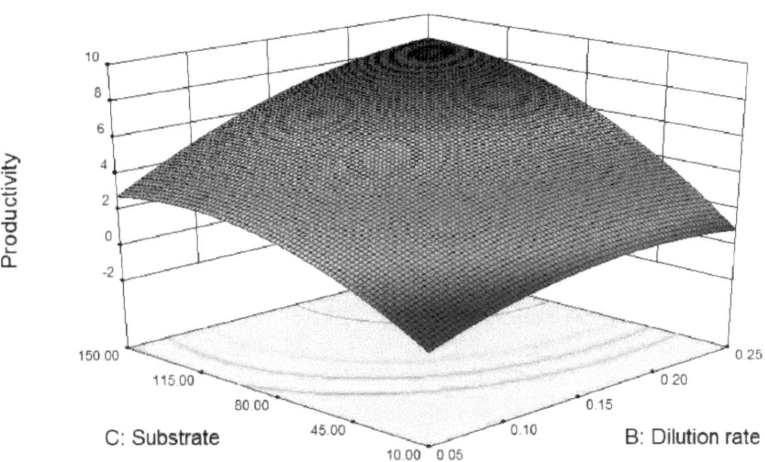

Figura 5.3. Gráfico de superfície da produtividade (g/l/h) para os factores concentração de substrato e taxa de diluição

5.3. Conteúdo lipídico

O teor lipídico mais elevado foi obtido na segunda corrida com o valor de 14,35% e com uma produtividade lipídica de 1,04 g/l/h (Tabela 5.3). Os gráficos das Figuras 5.4, 5.5 e 5.6 mostram a variação do teor de lípidos em função de diferentes factores.

Tabela 5.3. Respostas de peso seco celular e lípidos (%)

Corrida	Fator 1 Temperatura (°C)	Fator 2 Taxa de diluição (h^{-1})	Fator 3 Concentração de substrato (g/l)	Peso seco (g/l)	Lípidos (%)
1	35.00	0.25	150.00	29.71	13.90
2	25.00	0.25	80.00	28.84	14.3
3	35.00	0.15	80.00	38.70	10.7
4	40.00	0.15	150.00	50.59	10.1
5	35.00	0.05	150.00	61.04	8.91
6	40.00	0.25	80.00	27.10	13.20
7	35.00	0.15	80.00	39.86	9.77
8	40.00	0.15	10.00	2.76	8.43
9	35.00	0.25	10.00	2.38	8.02
10	25.00	0.15	10.00	2.92	9.70
11	35.00	0.15	80.00	35.80	12.1
12	25.00	0.15	150.00	44.50	12.7
13	35.00	0.05	10.00	2.70	13.4
14	25.00	0.05	80.00	40.15	7.55
15	40.00	0.05	80.00	35.51	9.08

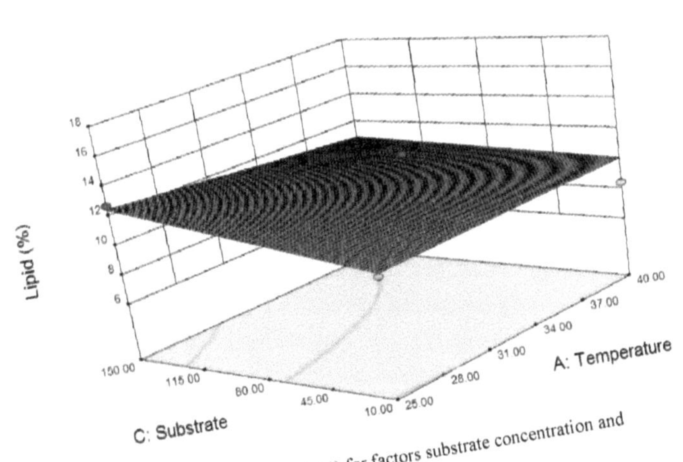

Figure 5.4. Surface graph for Lipid (%) for factors substrate concentration and temperature

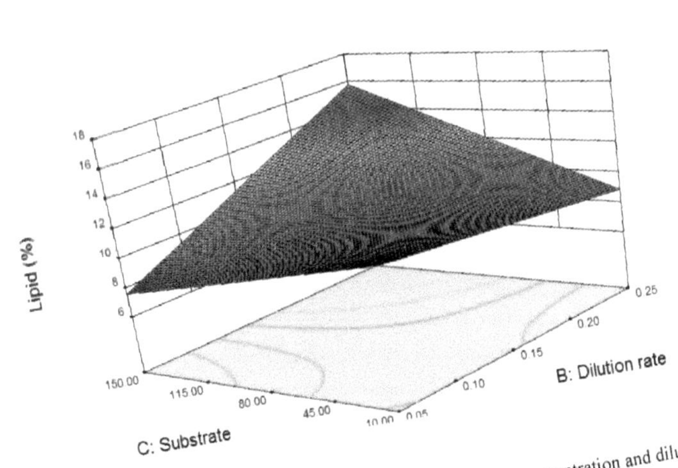

Figure 5.5. Surface graph for Lipid (%) for factors substrate concentration and dilution

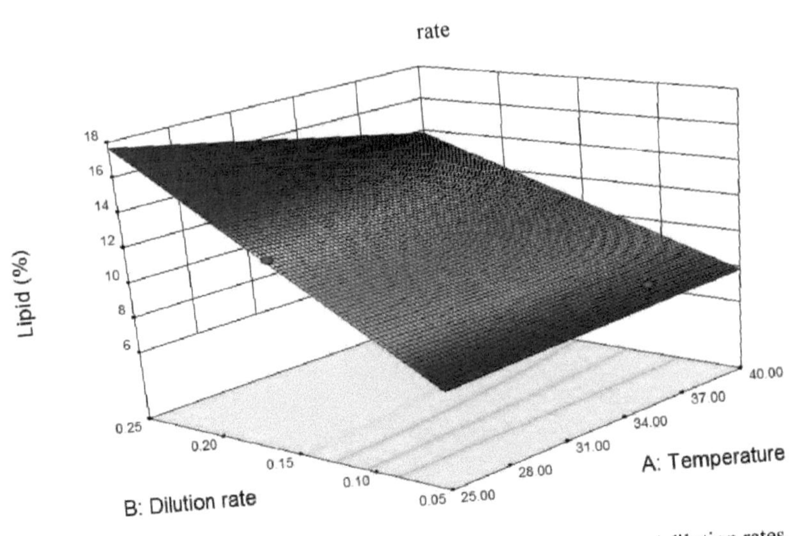

Figure 5.6. Surface graph for Lipid (%) for factors temperature and dilution rates

5.4. Teor de proteínas e hidratos de carbono

O teor mais elevado de proteínas foi observado na segunda passagem, enquanto o teor mais elevado de hidratos de carbono foi observado na passagem 14 (Quadro 5.4).

Tabela 5.4. Respostas das proteínas e dos carbohidratos

Corre r	Fator 1 Temperatura (°C)	Fator 2 Taxa de diluição (h')^1	Fator 3 Concentração de substrato (g/1)	Proteína (%)	Hidratos de carbono (%)
1	35.00	0.25	150.00	48.40	8.05
2	25.00	0.25	80.00	47.89	8.06
3	35.00	0.15	80.00	35.05	29.45
4	40.00	0.15	150.00	43.45	29.59
5	35.00	0.05	150.00	38.90	32.53
6	40.00	0.25	80.00	36.80	35.33
7	35.00	0.15	80.00	17.95	45.37
8	40.00	0.15	10.00	25.98	55.48
9	35.00	0.25	10.00	14.91	58.18
10	25.00	0.15	10.00	43.89	25.88
11	35.00	0.15	80.00	24.71	40.74
12	25.00	0.15	150.00	46.43	25.87
13	35.00	0.05	10.00	36.65	44.09
14	25.00	0.05	80.00	22.01	50.08
15	40.00	0.05	80.00	39.89	25.66

Embora o teor de lípidos das microalgas neste estudo (14%) seja inferior ao relatado na literatura (até 55%), foram alcançadas neste estudo elevadas produtividades de lípidos (1,04 g/l/h) no total devido à elevada concentração de peso seco e às taxas de diluição. Além disso, o teor de proteínas é elevado em comparação com a literatura, podendo ser utilizado como alimento para animais após a extração de óleo para fins de combustível. Este poderia ser um produto secundário valioso e afectaria significativamente a economia de tal processo.

O biodiesel é considerado uma das alternativas mais prometedoras aos combustíveis fósseis, porque é renovável e amigo do ambiente. Atualmente, o biodiesel é produzido principalmente a partir de soja, colza, óleo de canola, óleo de palma, gordura animal e óleos alimentares usados. É importante notar que a oferta atual é muito inferior à procura e que o preço é elevado. Um país como os Estados Unidos produziu 491 milhões de galões de biodiesel em 2007, muito abaixo da procura anual de biodiesel. Não é prático aumentar a produção de biodiesel através do aumento da área de plantação de culturas oleaginosas devido à limitação de terras. Um outro método alternativo para a produção de biodiesel é a fermentação de plantas com elevado rendimento lipídico

micro-organismo. *A Chlorella Sp.* heterotrófica foi considerada uma excelente candidata à produção de biodiesel devido ao seu elevado teor de lípidos e densidade celular. O elevado custo da matéria-prima glucose é o principal obstáculo à comercialização. E, a longo prazo, não é prático produzir biodiesel a partir do açúcar de origem alimentar. O glicerol bruto é um produto secundário problemático porque contém muitas impurezas, pelo que tem um baixo valor económico na produção de biodiesel. Assim, este estudo investigou a aplicação de glicerol bruto para a produção de óleo por *Chlorella minutissima* heterotrófica. Nesta pesquisa, o rendimento lipídico atingiu até 1,04 g/l/dia. Normalmente, a produtividade lipídica por microalgas fototróficas era significativamente mais baixa, 17-204 mg/l/dia (Mata et al., 2009). No que respeita à eficiência do carbono, existem duas vantagens neste processo heterotrófico. Em primeiro lugar, a produtividade lipídica no processo heterotrófico é muito superior à do sistema fototrófico. Assim, para produzir a mesma quantidade de lípidos, o processo heterotrófico necessita de menos energia para a manutenção, irradiação, mistura e recolha de microalgas. A poupança de energia, que é normalmente gerada pela queima de combustíveis fósseis, reduziria a emissão de CO_2 . Em segundo lugar, o glicerol bruto é diretamente utilizado como fonte natural de carbono, pelo que a matéria-prima do processo é obtida através da biofixação do CO atmosférico$_2$. Do ponto de vista global, a fermentação heterotrófica tem caraterísticas especiais, e o aperfeiçoamento da tecnologia aumentaria ainda mais a eficiência do carbono e a produtividade do biodiesel.

O trabalho aqui apresentado mostrou o potencial da utilização de glicerol bruto menos dispendioso da indústria do biodiesel para produzir óleo através da cultura de microalgas. O teor ótimo de glicerol bruto para a produção de óleo de algas foi de cerca de 150 g/L. Utilizando modelos experimentais baseados em estatísticas, verificou-se que a concentração de substrato e a taxa de diluição eram factores que influenciavam significativamente a produção de óleo de algas a partir de glicerol bruto. O nível ótimo destes dois factores para a produção de óleo foi determinado em 150 g/1 e 0,25 1/h.

Nas condições óptimas de cultura, o teor de óleo na biomassa de algas foi superior a 14%, com um rendimento de óleo de 4,14 g/1. A aplicação bem sucedida deste processo poderá ter um impacto significativo na indústria do biodiesel, uma vez que ajuda a resolver o problema da eliminação de glicerol residual na indústria do biodiesel, ao mesmo tempo que produz um nutracêutico valioso.

CONCLUSÕES

Neste estudo, investigou-se a possibilidade de utilização de glicerol bruto residual de processos de biodiesel e alguns factores importantes que afectam a produtividade e a composição química da microalga *Chlorella miiiulissima*. A partir dos resultados, concluiu-se que este processo é possível com valores de produtividade até 7,42 g de biomassa/l/h e com um teor de lípidos de 14,32 %.

O teor de proteínas da biomassa resultante foi também elevado, sugerindo que o bolo após a extração de óleo para combustível pode ser utilizado para fins de alimentação animal. O processamento de glicerol residual através da alimentação de microalgas em bioreactores pode ser uma solução promissora para os produtores de biodiesel que produzem grandes quantidades de glicerol bruto residual. A fermentação de microalgas é vantajosa em relação aos sistemas fotoautotróficos em termos de elevada produtividade e de um manuseamento mais fácil do processo a jusante, devido às elevadas concentrações de biomassa obtidas nos bioreactores. Desta forma, não só o glicerol residual é removido, como também pode ser convertido em bio-óleo para ser utilizado de novo na indústria do biodiesel, resultando também noutro produto valioso como alimento para animais devido ao seu elevado teor de proteínas.

REFERÊNCIAS

Acien Fernandez FG; Fernandez Sevilla JM, Sanchez Perez JA, Molina Grima E,

Chisti Y. Fotobiorreactores tubulares de circuito externo acionados por transporte aéreo para a produção de microalgas ao ar livre: avaliação da conceção e do desempenho. Chemical Engineering Science 2001;56(8):2721-32.

Andrade MR, Costa JAV. Cultivo mixotrófico da microalga Spirulina platensis utilizando melaço como substrato orgânico. Aquaculture 2007;264(1-4): 130-4.

BeckerEW. Microalgae. Cambridge: Cambridge University Press; 1994.

Brown LM. Uptake of carbon dioxide from flue gas by microalgae. Energy Conversion and Management 1996;37(6-8):1363-7

Borowitzka M. Microalgas para aquacultura: oportunidades e limitações. Journal of Applied Phycology 1997;9(5):393-401.

Borowitzka MA. Produção comercial de microalgas: lagos, tanques, tubos e fermentadores. Journal ofBiotechnology 1999;70(1-3):313-21.

Borowitzka M. Algal biotechnology products and processes-matching science and economics. Journal of Applied Phycology 1992;4(3):267-79.

Carvalho AP, Meireles LA, Malcata FX. Reatores de microalgas: uma revisão de projetos e desempenhos de sistemas fechados. Biotechnology Progress 2006;22(6):1490-506.

Chen G-Q, Chen F. Cultivo de células fototróficas sem luz. Biotechnology Letters 2006;28(9):607-16.

Chiu S-Y, Kao C-Y, Tsai M-T, Ong S-C, Chen C-H, Lin C-S. Acumulação de lípidos e utilização de CO2 de Nanochloropsis oculata em resposta ao arejamento com CO2. Bioresource Technology 2009;100(2):833-8.

Celekli A, Yavuzatmaca M, Bozkurt H. Modelação da produção de biomassa por Spirulina platensis em função das concentrações de fosfato e regimes de pH. Bioresource Technology 2009;100(14):3625-9.

Chisti Y. Biodiesel frommicroalgae. Biotechnology Advances 2007;25(3):294-306. Martin-Je'ze'quel V, Hildebrand M, Brzezinski MA. Metabolismo do silício em diatomáceas: implicações para o crescimento. Journal ofPhycology 2000;36(5):821-40.

Chisti Y. Biodiesel de microalgas bate o bioetanol. Tendências em Biotecnologia 2008;26(3):126-31.

Chini Zittelli G, Rodolfi L, Biondi N, Tredici MR. Produtividade e eficiência fotossintética de culturas ao ar livre de Tetraselmis suecica em colunas anulares.

Aquaculture 2006;261(3):932-43.

Chen F, Zhang Y, Guo S. Crescimento e formação de ficocianina de Spirulina platensis em cultura fotoheterotrófica. Biotechnology Letters 1996;18(5):603-8.

Camacho Rubio F, Acie'n Fema'ndez FG; Sa'nchez Pe' rez JA, Garci'a Camacho F, Molina Grima E. Prediction of dissolved oxygen and carbon dioxide concentration profiles in tubular photobioreactors for microalgal culture. Biotecnologia e Bioengenharia 1999;62(l):71-86.

Carlozzi P. Diluição da radiação solar através da laminação da "cultura" em filas de fotobiorreactores virados para sul-norte: uma forma de melhorar a eficiência da utilização da luz por cianobactérias (Arthrospira platensis). Biotecnologia e Bioengenharia 2003;81(3):305-15.

Cheng-Wu Z, Zmora O, Kopeï R, Richmond A. Um reator de vidro de placa plana de tamanho industrial para a produção em massa de Nannochloropsis sp. (Eustigmatophyceae). Aquaculture 2001;195(l-2):35-49.

Converti A, Lodi A, Del Borghi A, Solisio C. Cultivo de Spirulina platensis num sistema combinado de reator tubular e airlift. Biochemical Engineering Journal 2006;32(l):13-8.

Chojnacka K, Noworyta A. Evaluation of Spirulina sp. growth in photoautotrophic, heterotrophic and mixotrophic cultures (Avaliação do crescimento de Spirulina sp. em culturas fotoautotróficas, heterotróficas e mixotróficas). Enzyme and Microbial Technology 2004;34(5):461-5.

De Swaaf ME, Sijtsma L, Pronk JC. Cultivo de alta densidade de células em regime de lote alimentado da alga marinha Crypthecodinium cohnii, produtora de ácido docosahexaenóico. Biotechnology and Bioengineering 2003;81(6):666-72.

De Swaaf ME, Pronk JT, Sijtsma L. Fed-batch cultivation of the docosahexaenoic-acidproducing marine alga Crypthecodinium cohnii on ethanol. Applied Microbiology and Biotechnology 2003;61(l):40-3.

Doucha J, Straka F, Li'vansky' K. Utilização de gás de combustão para o cultivo de microalgas (Chlorella sp.) num fotobiorreactor de camada fina aberto ao ar livre. Journal of Applied Phycology 2005;17(5):403-12.

Emma Huertas I, Colman B, Espie GS, Lubian LM. Transporte ativo de CO_2 por três espécies de microalgas marinhas. Journal ofPhycology 2000;36(2):314-20.

Eriksen N. Production of phycocyanin-a pigment with applications in biology, biotechnology, foods and medicine (Produção de ficocianina - um pigmento com aplicações em biologia, biotecnologia, alimentos e medicina). Applied Microbiology and Biotechnology 2008;80(l):1-14.

Eriksen N. The technology of microalgal culturing (A tecnologia da cultura de microalgas). Biotechnology Letters 2008;30(9):1525-36.

Garcia-Malea Lopez MC, Del Rio Sanchez E, Casas Lopez JL, Acie'n Fema'ndez FG; Fernandez Sevilla JM, Rivas J, et al. Análise comparativa da cultura exterior de Haematococcus pluvialis em fotobiorreactores tubulares e de coluna de bolhas. Jornal de Biotecnologia 2006;123(3):329-42.

Graverholt O, Eriksen N. Culturas heterotróficas de Galdieria sulphuraria de alta densidade celular em fluxo contínuo e em regime de batelada alimentada e produção de ficocianina. Applied Microbiology and Biotechnology 2007;77(l):69-75.

Graham LE, Graham JM, Wilcox LW. Algae, 2ª ed., São Francisco: Pearson Education, Inc.; 2009.

Hall DO, Acien Fernandez FG; Canizares Guerrero E, Krishna Rao K, Molina Grima E. Fotobiorreactores tubulares helicoidais exteriores para a produção de microalgas: modelação da fluidodinâmica e da transferência de massa e avaliação da produtividade da biomassa. Biotecnologia e Bioengenharia 2003;82(l):62-73

Hsieh C-H, Wu W-T. Cultivo de microalgas para produção de óleo com uma estratégia de cultivo de limitação de ureia. Bioresource Technology 2009;100 (17):3921-6.

Huntley M, Redalje D. CO2 mitigation and renewable oil from photosynthetic microbes: a new appraisal. Mitigation and Adaptation Strategies for Global Change 2007;12(4):573-608.

Hu Q, Kurano N, Kawachi M, Iwasaki I, Miyachi A. Cultura de ultra-alta densidade celular da alga amarela Chlorococcum littorale num fotobiorreactor de placa plana. Applied Microbiology and Biotechnology 1998;46:655-62.

Janssen M, Tramper J, Mur LR, Wijffels RH. Fotobiorreactores exteriores fechados: regime de luz, eficiência fotossintética, aumento de escala e perspectivas futuras. Biotechnology and Bioengineering 2003;81(2):193-210.

Jime'nez C, Cossi'o BR, Labella D, Xavier Niell F. A viabilidade da produção industrial de Spirulina (Arthrospira) no sul de Espanha. Aquaculture 2003;217(l-4):179-90.

Liang, Y., et al. Conversão de glicerol bruto de gordura amarela em lípidos através da fermentação de leveduras. Bioresource Technology (2010), doi: 10.1016/j.biortech.2010.04.061

Lee YK. Sistemas e métodos de cultura em massa de microalgas: suas limitações e potencialidades. Journal of Applied Phycology 2001;13(4):307-15.

Li X, Xu H, Wu Q. Produção de biodiesel em grande escala a partir da microalga Chlorella protothecoides através do cultivo heterotrófico em bioreactores. Biotechnology and Bioengineering 2007;98(4):764-71.

Miao X, Wu Q. Produção de biodiesel a partir de óleo de microalgas heterotróficas. Bioresource Technology 2006;97(6):841-6.

Muller-Feuga A, Le Gue'des R, Herve' A, Durand P. Comparação de fotobiorreactores de luz artificial e outros sistemas de produção com Porphyridium cruentum. Journal of Applied Phycology 1998;10(l):83-90.

Moreno J, Vargas MA' , Rodri'guez H, Rivas J, Guerrero MG. Cultivo ao ar livre de uma cianobactéria marinha fixadora de azoto, Anabaena sp. ATCC 33047. Biomolecular Engineering 2003;20(4-6):191-7.

Molina Grima E, Belarbi EH, Acie'n Fema'ndez FG; Robles Medina A, Chisti Y Conceção de fotobiorreactores tubulares para culturas de algas. Journal of Biotechnology 2001;92(2):113-31.

Olaizola M. Produção comercial de astaxantina a partir de Haematococcus pluvialis utilizando fotobiorreactores exteriores de 25.000 litros. Journal of Applied Phycology 2000;12(3):499- 506.Aspectos hidrodinâmicos e crescimento de Arthrospira em dois fotobiorreactores tubulares ondulados de exterior. Applied Microbiology and Biotechnology 2000;54(l):14-22.

Pistorins, A.M.A., DeGrip, W.J., Egorova-Zachernyuk, T.A., 2009. Monitorização da composição da biomassa de fontes microbiológicas por meio de espetroscopia FT-IR. Biotecnologia e Bioengenharia 103, 123-129.

Pulz O, Scheinbenbogan K. Photobioreactors: design and performance with respect to light energy input. Advances in Biochemical Engineering/Biotechnology 1998;59:123-52.

Pulz O. Photobioreactors: sistemas de produção para microrganismos fototróficos. Applied Microbiology and Biotechnology 2001;57(3):287-93.

Qingyu Wu, Chanfang Gao, Yan Zhai. Aplicação de sorgo sacarino para a produção de biodiesel pela microalga heterotrófica *Chlorella protothecoides*. Energia Aplicada 87 (2010) 756-761

Rodolfi L, Zittelli GC, Bassi N, Padovani G; Biondi N, Bonini G; et al. Microalgas para óleo: seleção de estirpes, indução da síntese de lípidos e cultivo em massa ao ar livre num fotobiorreactor de baixo custo. Biotechnology and Bioengineering 2008;102(l):100-12.

Richmond A. Microalgal biotechnology at the turn of the millennium: a personal view.

Journal of Applied Phycology 2000;12(3-5):441-51.

Sato T, Usui S, Tsuchiya Y, Kondo Y. Invenção de um fotobiorreactor exterior de tipo fechado para microalgas. Energy Conversion and Management 2006;47(6):791-9.

Samson R, Leduy A. Multistage continuous cultivation of blue-green alga Spirulina maxima in flat tank photobioreactors. Canadian Journal of Chemical Engineering 1985;63:105-12.

Setlik I, Veladimir S, Malek I. Unidades de circulação aberta de dupla finalidade para cultura de algas em grande escala em zonas temperadas. I. Considerações básicas de conceção e esquema de uma unidade piloto. Algologie Studies (Trebon) 1970;l(ll).

Suh IS, Lee SB. Modelo de distribuição de luz para um fotobiorreactor com radiação interna.
Biotecnologia e Bioengenharia 2003;82:180-9.

Suh IS, Lee CG. Photobioreactor engineering: design and performance. Biotecnologia e Engenharia de Bioprocessos 2003;8(6):313-21.

Tan HH. Algae-to-biodiesel at least five to 10 years away, Disponível em: http://www.energvcurrent.com/index.php?id=3&storvid=14415;2008   [citado 12.01.09].

Terry KL, Raymond LP. Conceção de sistemas para a produção autotrófica de microalgas. Enzyme andMicrobial Technology 1985;7(10):474-87.

Ugwu CU, Ogbonna J, Tanaka H. Melhoria das caraterísticas de transferência de massa e produtividade de fotobiorreactores tubulares inclinados através da instalação de misturadores estáticos internos. Applied Microbiology and Biotechnology 2002;58(5):600-7.

Ugwu CU, Aoyagi H, Uchiyama H. Photobioreactors for mass cultivation of algae. Bioresource Technology 2008;99(10):4021-8.

Wang B, Li Y, Wu N, Lan C. Bio-mitigação de CO2 usando microalgas. Microbiologia Aplicada e Biotecnologia 2008;79(5):707-18.

Weissman JC, Tillett DM. Conceção e funcionamento de uma instalação de ensaio de microalgas ao ar livre. In: Brown LM, Sprague S, editores. Aquatic species report; NREL/MP- 232-4174. National RenewableEnergy Laboratory; 1992. p. 32-57.

Wu Z, Shi X. Otimização para o cultivo de alta densidade de Chlorella heterotrófica com base num modelo de rede neural híbrida. Cartas em Microbiologia Aplicada 2007;44(l):13-8.

Xiong W, Li X, Xiang J, Wu Q. Fermentação de alta densidade da microalga Chlorella protothecoides em biorreactor para a produção de microbio-diesel. Applied Microbiology and Biotechnology 2008;78(1):29-36.

Zhang XW, Zhang YM, Chen F. Aplicação de modelos matemáticos para a determinação da concentração óptima de glucose e da intensidade da luz para a cultura mixotrófica de Spirulina platensis. Process Biochemistry 1999;34(5): 477-81.

APÊNDICE A

CORRELAÇÃO DO PESO SECO para 550 nm

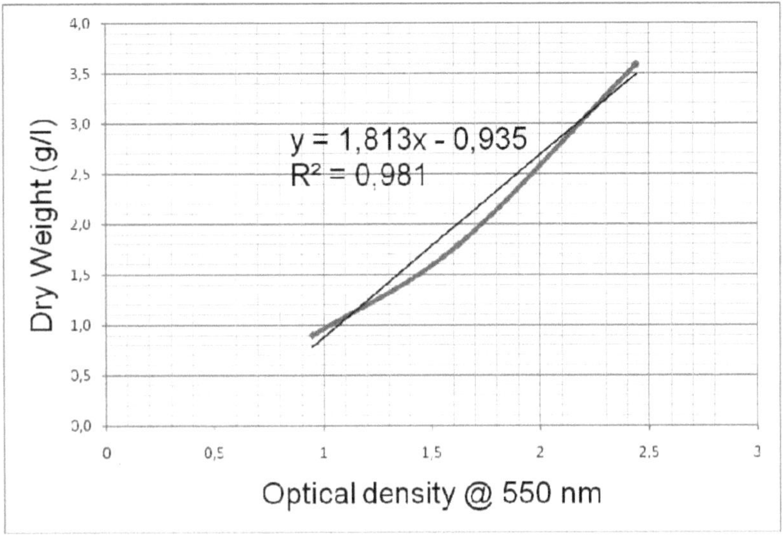

Figura A.1. Curva de correlação para Peso seco (g/1) versus densidade ótica a 550 nm

Espectros FTIR para AMOSTRAS

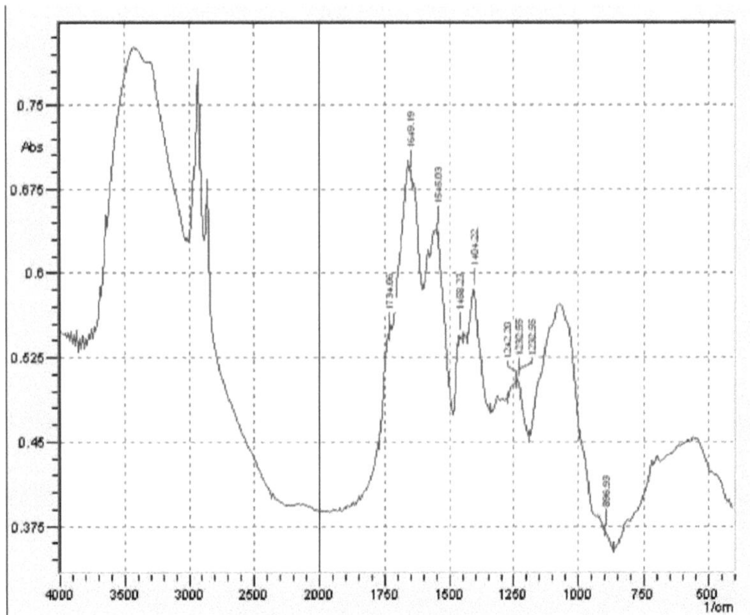

Figura B.l. Espectros FTIR para o
ensaio #1

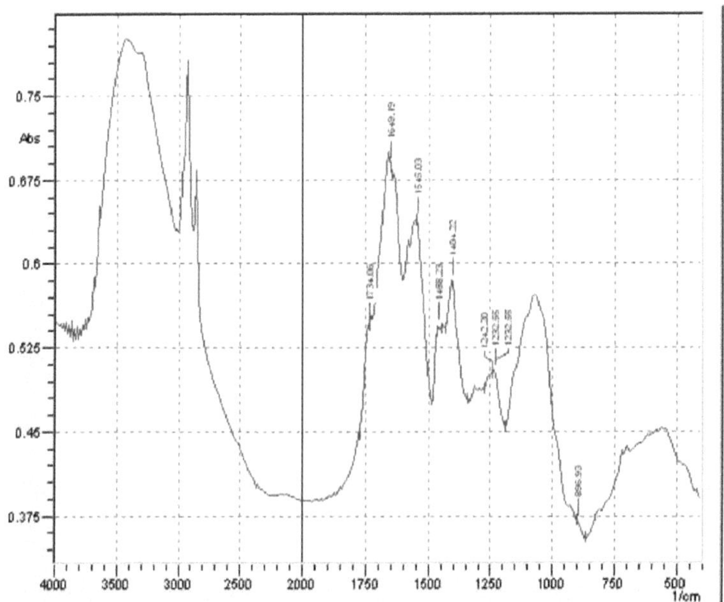

Figura B.2. Espectros FTIR para o ensaio #2

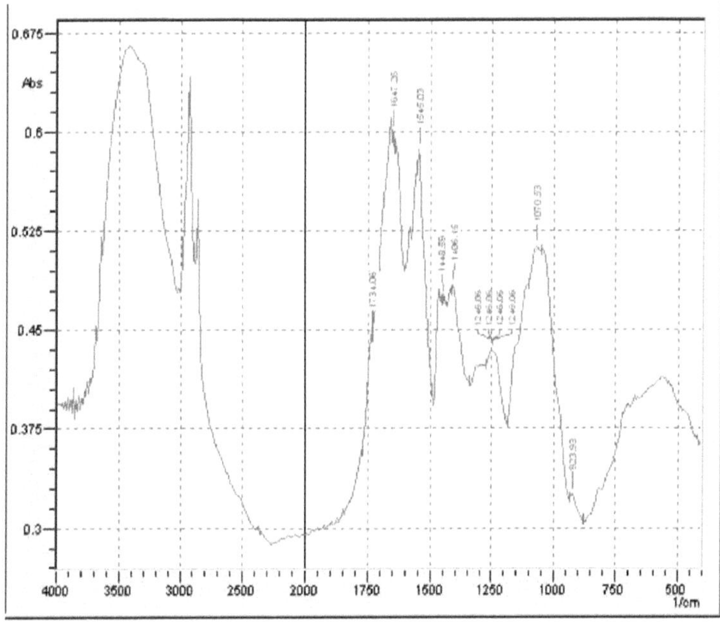

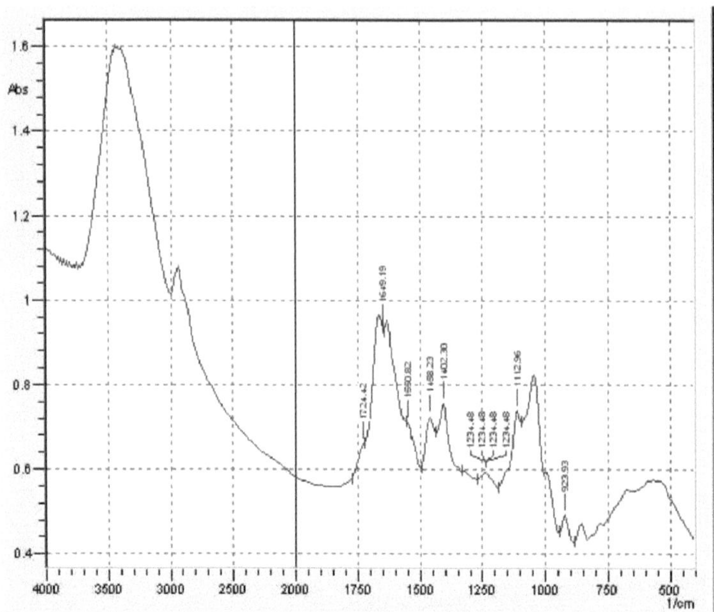

Figura B.4. Espectros FTIR para o ensaio #4

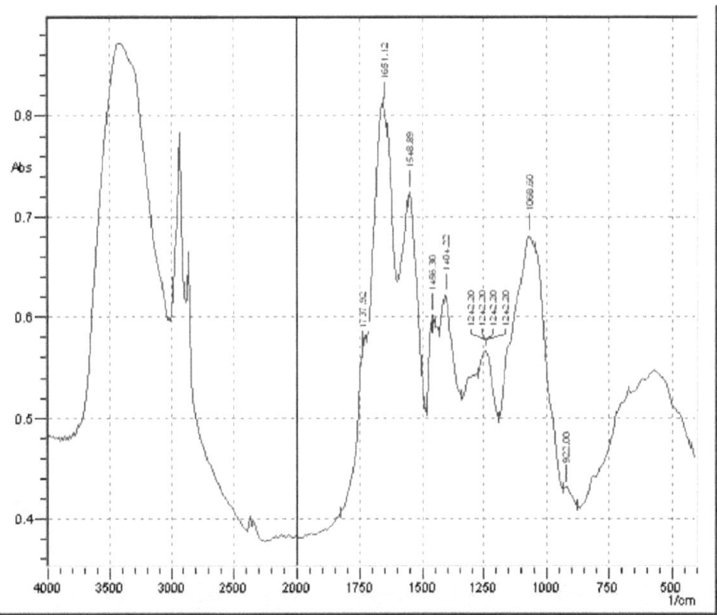

Figura B.6. Espectros FTIR para o ensaio #6

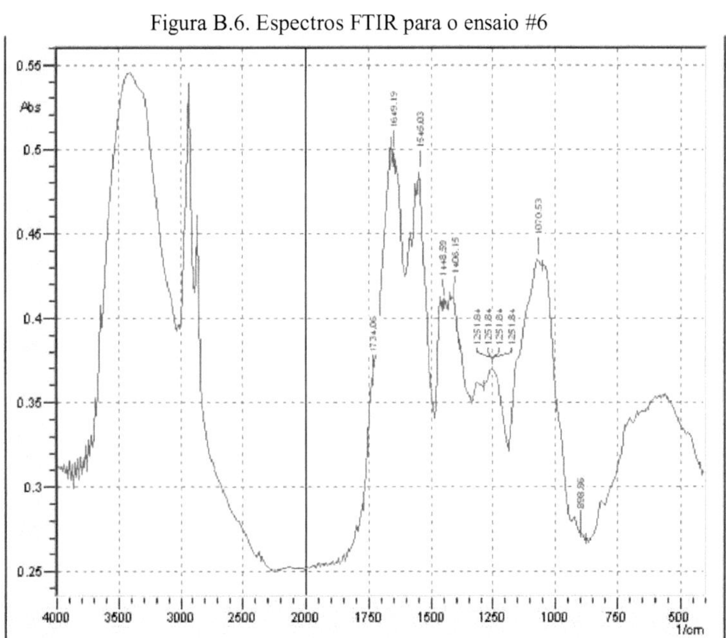

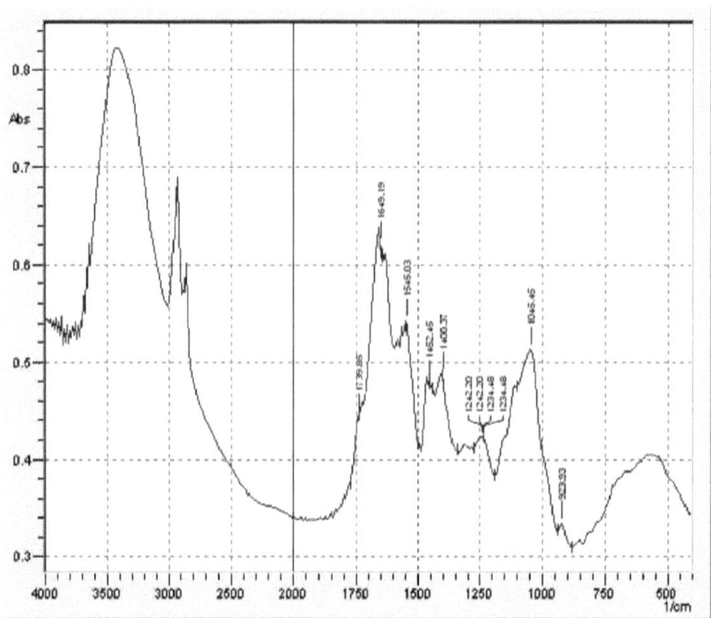

Figura B.8. Espectros FTIR para o ensaio #8

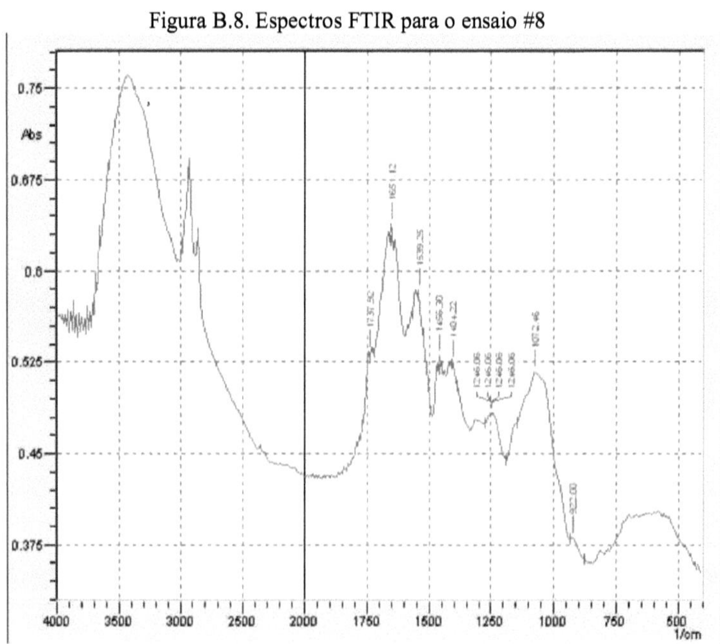

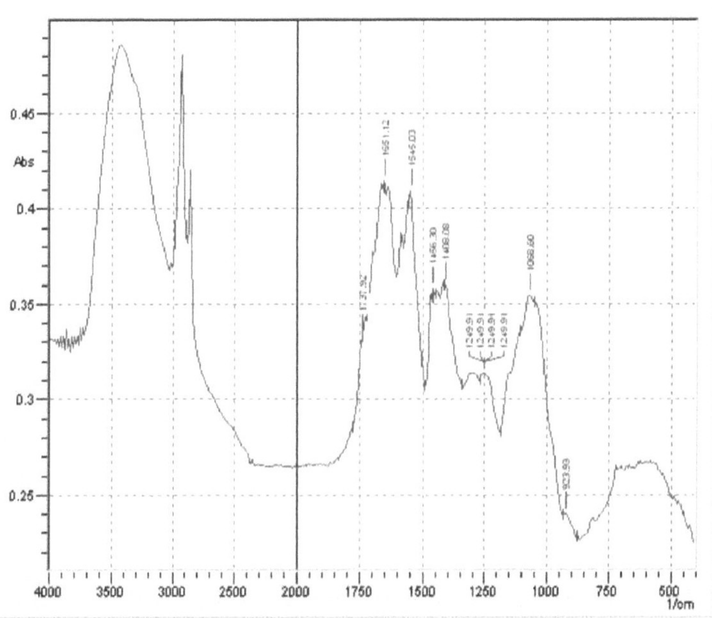

Figura B.10. Espectros FTIR para o ensaio #10

Figura B.ll. Espectros FTIR para o ensaio #11

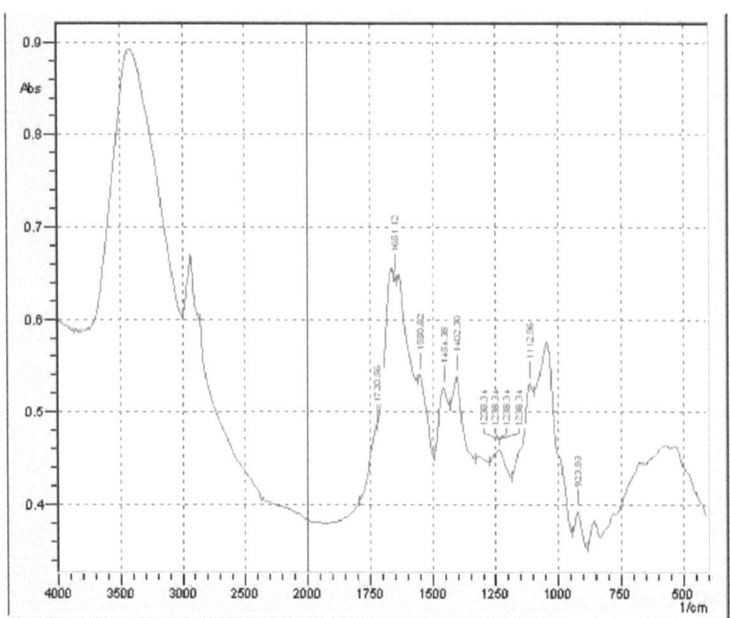

Figura B.12. Espectros FTIR para o ensaio #12

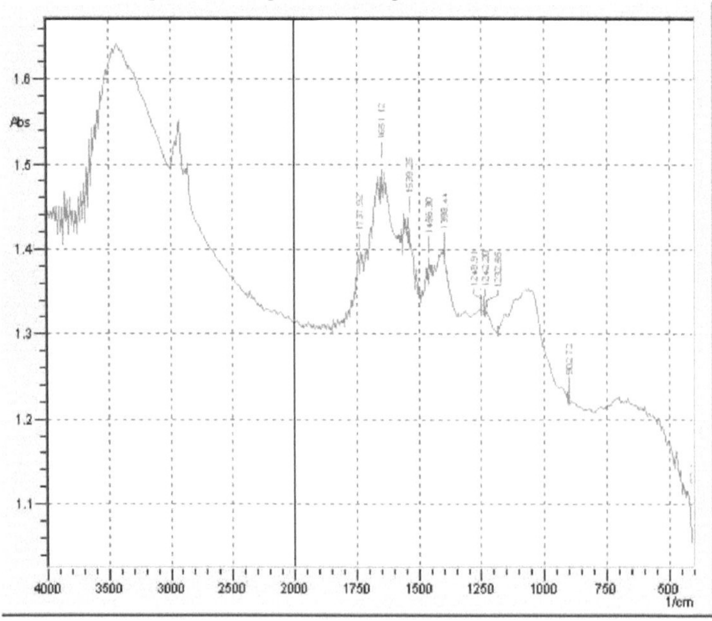

Figura B.15. Espectros FTIR para o ensaio #15

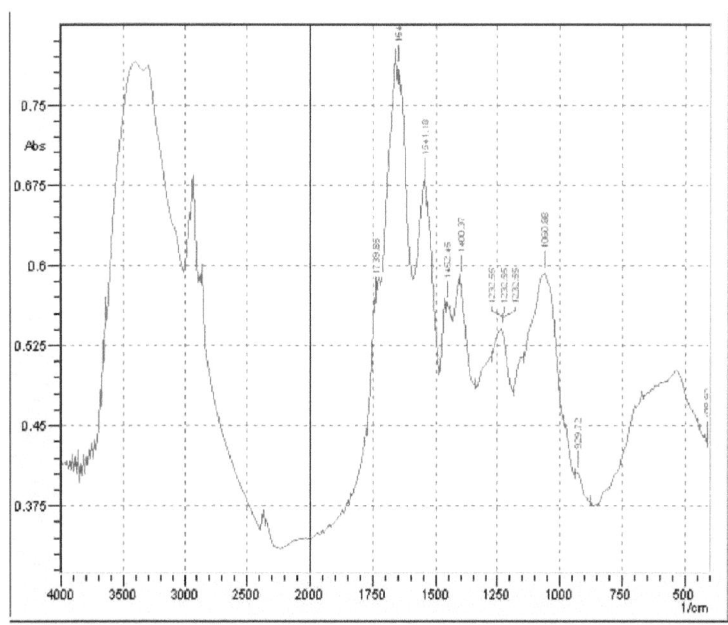

Figura B.14. Espectros FTIR para o ensaio #14

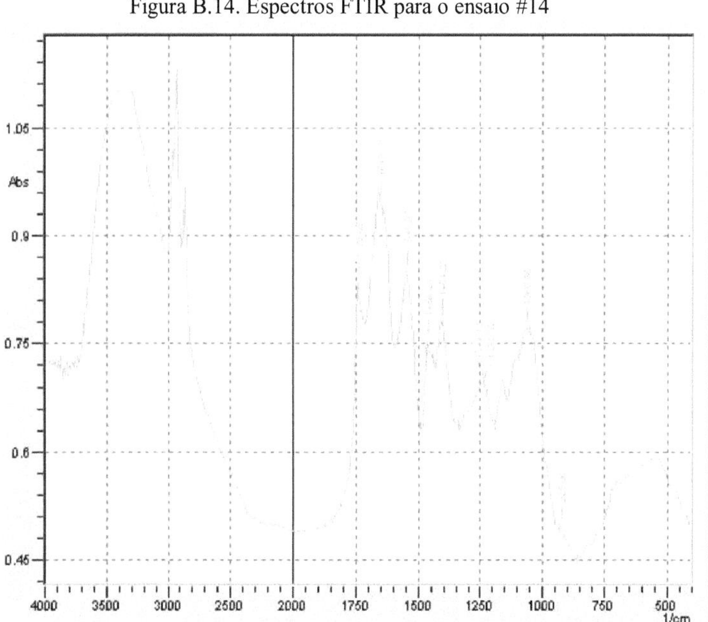

Figura B.15. Espectros FTIR para o ensaio #15

Printed by Books on Demand GmbH, Norderstedt / Germany